AF586681

RAPPORT

SUR LES

CHAMPS DE DÉMONSTRATION

(BLÉ — AVOINE — LIN)

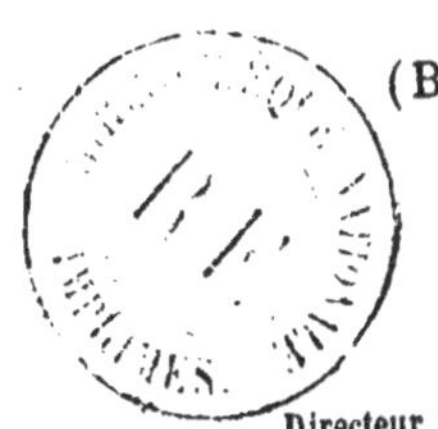

PAR

A. HOUZEAU
Directeur de la Station agronomique de la Seine-Inférieure

9e ANNÉE

BLÉ, AVOINE, LIN, ALIMENTATION RATIONNELLE DU BÉTAIL

ROUEN
IMPRIMERIE E. CAGNIARD (Léon GY, Succr)
Rues Jeanne-Darc, 88, et des Basnage, 5

1895

MEMBRES

DE LA

COMMISSION DES CHAMPS DE DÉMONSTRATION

MM. le Préfet;
- CAURO, secrétaire général;
- LESOUEF, sénateur;
- BRETON, député;
- HOUZEAU, directeur de la station agronomique, correspondant de l'Institut;
- FORTIER, président du Comice agricole de l'arrondissement de Rouen;
- BUREL, vice-président de la Société d'encouragement à l'agriculture de l'arrondissement du Havre;
- SAINT-REQUIER, membre de la Chambre consultative d'agriculture de l'arrondissement d'Yvetot;
- RASSET, président du Comice agricole de l'arrondissement de Neufchâtel;
- LACOINTE, président de la Société d'Agriculture de l'arrondissement de Dieppe;
- Dr BLANCHE, professeur départemental d'agriculture;
- PHILIPPE, professeur départemental d'agriculture;
- GAUTIER, professeur départemental d'agriculture;
- BORNOT, membre de la Société nationale d'encouragement à l'agriculture, propriétaire à Valmont;
- GRILLE, agriculteur, membre de la Société centrale d'agriculture;
- MULOT, propriétaire au château de Goustimesnil à Grainbouville.
- BAILHACHE, cultivateur à Yvetot;
- GEULIN, cultivateur à Tourville-Fécamp;
- PRUNIER, cultivateur à Duclair;
- LEFEBVRE, propriétaire à Sommery;
- LANE, agriculteur au château de Franqueville;
- BORDEAUX, chef de division, secrétaire.

RAPPORT

SUR

LES CHAMPS DE DÉMONSTRATION

BLÉ ET AVOINE

Monsieur le Préfet,

J'ai l'honneur de vous faire connaître les résultats pratiques obtenus sur les champs de démonstration de la Seine-Inférieure, pendant l'année 1893-1894.

Ils ont trait à la culture du blé et de l'avoine.

Cependant, le zèle et le dévouement de MM. les professeurs départementaux ont donné à ces champs une plus grande extension; quelques-uns comprennent aussi la culture du lin; et, aux expériences culturales, on a joint des essais sur l'alimentation rationnelle du bétail; de sorte qu'en réalité mon rapport de cette année comprend trois parties :

La première partie expose les résultats des *Champs de démonstration* sur le blé et l'avoine.

La deuxième partie fait connaître les résultats des *Champs d'expériences* pour la démonstration et relatifs à la culture du blé, de l'avoine et du lin.

Enfin, la troisième partie comprend les *Essais sur l'alimentation rationnelle du bétail.*

PREMIÈRE PARTIE

CHAMPS DE DÉMONSTRATION

I

Résultats de la culture du blé

CHAMPS DE DÉMONSTRATION

Cette année, les résultats des champs de démonstration, ensemencés en blé, ne confirment pas ceux des années antérieures. Ils n'ont pas donné une récolte rémunératrice; c'est-à-dire que l'excédent de récolte du champ de démonstration n'a pas été suffisant pour payer la dépense faite en engrais.

Voici, traduite en argent et par hectare, la perte éprouvée par chaque champ de démonstration :

	Perte.
1. Tourville-sur-Fécamp.............	58 f. 85
2. Duclair.........................	3 80
3. Fontenil-Saint-Martin-Osmonville...	86 30

Les tableaux 1, 2 et 3, placés à la fin du rapport, contiennent tous les détails des opérations, tandis que le tableau colorié A ci-joint les résume.

TABLEAU A

ÉCOLE DÉPARTEMENTALE D'AGRICULTURE

ET STATION AGRONOMIQUE DE LA SEINE-INFÉRIEURE

Siège à Rouen, route de Caen et rue des Murs-Saint-Yon

RÉSUMÉ DE LA RÉCOLTE A L'HECTARE

Toute la récolte a été battue et pesée

BLÉ D'HIVER 1893-1894

TABLEAU COMPOSÉ PAR M. HOUZEAU

	1 ARRONDISSEMENT DU HAVRE				2 ARRONDISSEMENT DE ROUEN				3 ARRONDISSEMENT DE NEUFCHATEL			
	TOURVILLE-SUR-FÉCAMP				DUCLAIR				FONTENIL-SAINT-MARTIN-OSMONVILLE			
	Professeur : M. PHILIPPE. *Cultivateur* : M. GRULIN.				*Professeur* : M. PHILIPPE. *Cultivateur* : M. PRUNIER.				*Professeur* : M. BLANCHE. *Cultivateur* : M. DELAUNAY.			
	CHAMP DE DÉMONSTRATION		CHAMP TÉMOIN		CHAMP DE DÉMONSTRATION		CHAMP TÉMOIN		CHAMP DE DÉMONSTRATION		CHAMP TÉMOIN	
	Blé sur trèfle avec engrais chimiques.		Blé sur trèfle culture ordinaire sans engrais chimiques.		Blé sur trèfle avec engrais chimiques		Blé sur trèfle culture ordinaire sans engrais chimiques.		Blé sur trèfle avec engrais chimiques.		Blé sur trèfle culture ordinaire sans engrais chimiques.	
Nom de la semence	Blé rouge de Bordeaux		Blé rouge de Bordeaux		Blé Kissinglan		Blé Kissinglan		Blé Dattel		Blé Dattel	
Poids employé et son prix	170 kil.	50 fr. 40	170 kil.	50 fr. 40	150 kil.	41 fr. »	150 kil.	41 fr. »	140 kil.	45 fr.	140 kil.	46 fr.
Nombre d'hectolitres de grain obtenu	32 hect.		25 hect. 3		30 hect.		24 hect.		30 hect. 5		29 hect.	
Poids de l'hectolitre	80 kil.		78 kil.		77 kil.		77 kil.		80 kil.		80 kil.	
PRODUIT TOTAL.		Valeur argent		Valeur argent		Valeur argent		Valeur argent		Valeur argent		Valeur argent
Paille et balles à raison de 40 fr. les 1.000 k.	6.667 kil.	266 fr. 70	5.471 kil.	218 fr. 85	4.290 kil.	171 fr. 60	3.615 kil.	144 fr. 60	4.870 kil.	194 fr. 80	4.710 kil.	188 fr. 40
Grain net à raison de 17 fr. 50 les 100 k.	2.553	446 80	1.978	346 15	2.340	409 50	1.852	324 10	2.450	428 75	2.325	406 85
VALEUR TOTALE		713 fr. 50		565 fr. »		581 fr. 10		468 fr. 70		623 55		595 fr. 25
à diminuer les frais d'engrais, d'épandage, de récolte et divers (1)		152 30				171 25				114 60		
Produit net du Champ de Démonstration		561 fr. 20		561 fr. 20		409 fr. 85		409 fr. 85		508 fr. 95		508 fr. 95
Produit du Champ Témoin				565 »				468 70				595 25
d'où excédent en faveur du Champ témoin par hectare				3 fr. 80				58 fr. 85				86 fr. 30
(1) FRAIS OU DÉPENSES POUR LES ENGRAIS CHIMIQUES EMPLOYÉS.	kil.				kil.	fr.			kil.			
Sulfate d'ammoniaque	75	23 fr. 25							75 kil.	23 fr. 25		
Nitrate de soude	150	37 50			200	50 »						
Superphosphate de chaux	500	33 »			600	69 »			400	32 »		
Phosphate fossile												
Sels de potasse	100	26 »			100	29 50			125	32 50		
Plâtre									200	6 »		
Engrais divers (sulfate de magnésie)									25	3 »		
Frais de transport, d'intérêt, de mélange et divers		16 65				18 70				15 15		
(Voir les détails aux tableaux spéciaux).		138 fr. 40				167 fr. 20				111 fr. 90		

Nom de la semence
Poids employé et son prix
Nombre d'hectolitres de grain obtenu
Poids de l'hectolitre
PRODUIT TOTAL.
Paille et balles à raison de 40 fr. les 1.000 k.
Grain net à raison de 17 fr. 50 les 100 k.
VALEUR TOTALE.
à diminuer les frais d'engrais, d'épandage, de récolte et divers (1)
Produit net du Champ de Démonstration.
Produit du Champ Témoin
d'où excédent en faveur du Champ témoin par hectare.
(1) FRAIS OU DÉPENSES POUR LES ENGRAIS CHIMIQUES EMPLOYÉS.
Sulfate d'ammoniaque
Nitrate de soude
Superphosphate de chaux
Phosphate fossile
Sels de potasse
Plâtre
Engrais divers (sulfate de magnésie).
Frais de transport, d'intérêt, de mélange et divers
(Voir les détails aux tableaux spéciaux).

OBSERVATIONS. — L'importance de la perte signalée dans le tableau n'est pas absolue. A la place des prix (paille et grain) indiqués par les praticiens de la Commission des champs de démonstration, prix pouvant varier suivant les époques et la région, il est toujours possible au cultivateur, désirant se rendre compte de l'importance de cette perte, de substituer à ces chiffres ceux qu'il croira mieux répondre aux exigences commerciales de sa culture et de sa situation personnelle.

La principale cause de la perte des champs de démonstration tient surtout à la fertilité initiale de la terre sur laquelle ils ont été établis, puisque la récolte qu'ils ont produite n'a pas excédé de beaucoup celle des champs témoins cultivés sur le même terrain et dans les mêmes conditions, mais sans addition d'engrais chimiques.

Les engrais complémentaires n'ont donc produit qu'un léger effet, et il est probable qu'une partie d'entre eux eût pu être supprimée ou leur dose tout au moins notablement diminuée, puisque la terre était déjà enrichie par l'apport des engrais faits pour les cultures précédentes et dont la totalité des éléments n'avait pas été entièrement absorbée par la récolte de ces différentes cultures.

Comme exemple, nous pouvons prendre le champ de Tourville-sur-Fécamp, et les notes de culture, consciencieusement rédigées par M. Philippe, vont nous fournir les éléments de la discussion.

Le blé a été fait sur du trèfle succédant à une récolte d'avoine, laquelle récolte d'avoine avait été précédée par du blé.

Si l'on cherche à se rendre compte des éléments fertilisants enlevés au sol par les trois récoltes de l'assolement, précédant la culture actuelle du blé, on obtient les résultats suivants par hectare :

1890-1891 — BLÉ

RÉCOLTE		Azote (Az.)	Ac. phosphorique (PO)	Potasse (KO)
Grain.........	1.572 kil.	= 32 kil. 5	13 kil. »	8 kil. 5
Paille.........	5.601	= 27 »	13 »	27 5
	Totaux...	59 kil. 5	26 kil. »	36 kil. »

1892 — AVOINE

Grain.......	2.600 kil.	= 50 kil. »	14 kil. 5	11 kil. »
Paille.......	5.286	= 21 »	10 5	51 «
	Totaux...	71 kil. »	25 kil. »	62 kil. »

1892-1893 — TRÈFLE

Fourrage sec	8.765 kil.	= 175 kil. »	49 kil. »	171 kil. »

C'est-à-dire que pendant l'assolement triennal, les récoltes ont enlevé par hectare :

	Azote (Az)	Ac. phosphorique (PO^5)	Potasse (KO)
Blé.................	59 kil. 5	26 kil. »	36 kil. »
Avoine..............	71 »	25 »	62 »
Trèfle..............	175 »	49 »	171 »
Totaux..........	305 kil. 5	100 »	269 kil. »

Mais pendant cet assolement, on avait apporté sous forme de fumier et d'engrais chimiques :

	Azote (Az)	Ac. phosphorique (PO^5)	Potasse (KO)
Pour le blé..........	165 kil.	138 kil.	230 kil.
Pour l'avoine........	115	48	50
Totaux.........	280 kil.	186 kil.	280 kil.

En comparant cet apport d'éléments fertilisants avec la quantité prélevée par les récoltes, sans parler de l'azote, dont une partie est fournie au trèfle par l'atmosphère, on obtient les résultats suivants :

	Ac. phosphorique (PO^5)	Potasse (KO)
Principes enlevés au sol pendant l'assolement triennal	100 kil.	269 kil.
Principes apportés au sol pendant l'assolement triennal	186	280
Soit un excédent restant dans le sol de...	86 kil.	11 kil.

Or, la récolte obtenue en blé cette année, représentée par :

Grain.......... 2.553 kil. par hectare.
Paille........ . 6.667 —

pour être produite, devait trouver dans le sol, d'après la composition chimique du grain et de la paille de blé :

		Ac. phosphorique (PO^5)	Potasse (KO)
Grain..............	2.553 kil. =	21 kil. »	14 kil. »
Paille..............	6.667 =	15 »	32 5
Totaux..........		36 kil. »	46 kil. 5
Or, les éléments demeurés dans la terre après les récoltes de l'assolement triennal étaient de..............................		86 »	11 »
Différence en trop................		50 kil. »	
Différence en moins................			35 kil. 5

C'est-à-dire que la terre, par les différentes fumures apportées pour les récoltes précédentes, contenait, après l'enlèvement de ces récoltes, assez d'acide phosphorique pour subvenir aux besoins du blé, et au contraire pas assez de potasse.

Il était donc possible de réduire la proportion de superphosphate employée, et le champ de démonstration au lieu d'être en perte se trouvait en bénéfice.

C'est ainsi qu'en faisant l'inventaire de son sol, au point de vue des éléments fertilisants qu'il conserve après chaque récolte, le cultivateur éclairé peut calculer approximativement la dose de ces mêmes principes fertilisants qu'il doit y ajouter sous forme d'engrais, pour subvenir aux besoins de la récolte visée; ces besoins étant d'ailleurs exprimés par la teneur en azote, acide phosphorique, potasse, également connue d'avance de cette même récolte.

En opérant suivant ces principes, on fait de la culture *rationnelle*, c'est-à-dire *scientifique* ; en s'en écartant, on fait de la culture *arbitraire*.

II

Résultats de la culture de l'avoine

CHAMPS DE DÉMONSTRATION

La culture de l'avoine faite à Tourville-sur-Fécamp comprend deux champs, dont la récolte a été pesée : un champ de démonstration et un champ témoin.

Le champ de démonstration a produit un excédent de récolte rémunérateur, puisqu'en dépensant 140 fr. 50 en plus dans ce champ de démonstration, on a porté la recette de 613 fr. 70 du champ témoin, à 763 fr. 30; soit un boni net de 149 fr. 60, c'est-à-dire 106 0/0 du capital avancé.

Les détails sont consignés dans le tableau 4 placé à la fin du rapport, et résumés dans le tableau B ci-joint :

Tableau B.

1894. — *Résultats de la culture de l'Avoine rapportés à l'hectare.*

	ARRONDISSEMENT DU HAVRE			
	TOURVILLE-SUR-FÉCAMP { Professeur : M. PHILIPPE. Cultivateur : M. GEULIN.			
	AVOINE BLANCHE DE CALIFORNIE			
	CHAMP DE DÉMONSTRATION avec engrais chimiques sur 1 hectare		**CHAMP TÉMOIN** sans engrais chimiques sur 1 hectare	
Poids et prix de la semence employée.	200 kil.	70 fr. »	200 kil.	70 fr. «
		Valeur		Valeur
Paille et balles, à 31 fr. les 1.000 kil.	7.522 kil.	233 fr. 15	5.310 kil.	164 fr. 60
Grain, à 15 fr. les 100 kil..........	**4471** k.=80 h. de 56 k.	670 65	**2994** k.=54 h. de 55 k.	449 10
VALEUR TOTALE de la récolte....		903 f. 80		613 fr. 70
Sulfate d'ammon., à 20.5 % d'azote.	100 kil.	37 25		
Nitrate de soude, à 15.5 % d'azote..	100	25 »		
Superphosphate de chaux, à 16 % d'acide phosphorique soluble.....	300	24 »		
Chlorure de potass., à 50 % de Potas.	100	22 50		
Frais divers, transport, main-d'œuvre supplément. de la récolte, intérêt.		31 75		
DÉPENSE TOTALE..............		140 f. 50		
CONCLUSION :				
RÉSULTATS ÉCON. DE LA CULTURE				
Produit net du champ de démonstration (valeur de la récolte diminuée du prix de l'engrais et des frais)..........................		763 30		
Produit du champ témoin...........		613 70		
EXCÉD. en fav. du ch. de démons.		149 f. 60		
	L'avoine n'a pas versé.			

DEUXIÈME PARTIE

CHAMPS D'EXPÉRIENCES

I

Résultats de la culture de l'avoine avec la même semence et avec des doses différentes d'engrais

CHAMPS D'EXPÉRIENCES

M. Bailhache a répété, à Saint-Nicolas-de-la-Haye, l'expérience de l'année dernière, en vue de rechercher quel bénéfice pouvait faire le cultivateur en augmentant dans une assez forte proportion la dose d'engrais chimiques, c'est-à-dire en faisant à la terre une plus forte avance de capital.

A cet effet, il a cultivé, sur le même sol, la même variété de semence d'avoine avec deux engrais complets contenant les mêmes principes fertilisants, mais à des doses différentes (engrais complet et engrais intensif).

Le tableau C contient les résultats obtenus.

Tableau C

1894. — SAINT-NICOLAS-DE-LA-HAYE. — Cultivateur : M. Bailhache. — Professeur : M. Houzeau.

AVOINE NOIRE DE TARTARIE SUR BLÉ

Chaque parcelle mesure 50 ares. — Épandage de l'engrais et ensemencement : 3 avril.

Résultats rapportés à l'hectare : — Semence employée : 280 kil. au semoir en lignes.

	ENGRAIS COMPLET		ENGRAIS INTENSIF	
	kil. hect. kil.		kil. hect. kil.	
Grain, à 15 fr. les 100 kil.	**1.794** = 36 de 50	269 fr. 10	**2.700** = 54 de 50	405 fr. »
Paille et balles, à 31 fr. les 1,000 kil.	4.470 kil.	138 60	5.560 kil.	172 35
Valeur totale de la récolte		407 fr. 70		577 fr. 35
Nitrate de soude, à 15,5 % d'azote	200 kil.	50 »	300 kil.	75 »
Superphosphate de chaux, à 15 % d'acide phosphorique soluble	400	32 »	600	48 »
Chlorure de potassium, à 50 % de potasse	66	14 50	100	22 »
Frais divers, transport, épandage, main-d'œuvre, intérêt, etc		17 30		20 »
Dépense totale		113 fr. 80		165 fr. »
Conclusion :				
Produit net des champs (valeur de la récolte, diminuée du prix de l'engrais et des frais)		293 90		412 35
	L'avoine n'a pas versé.		L'avoine n'a pas versé.	

Contrairement aux années antérieures, où l'avoine avait beaucoup souffert de la sécheresse, cette fois, l'engrais intensif a produit des résultats satisfaisants, puisqu'en faisant dans ce champ une dépense en engrais chimiques de 51 fr. 20, en plus que dans le champ à engrais complet non intensif, on a obtenu, par ce surcroît de dépenses, une augmentation de récolte de 118 fr. 25, soit 231 0/0 du capital avancé en sus.

Cette expérience prouve donc une fois de plus la grande puissance de production des engrais chimiques employés à doses intensives.

Néanmoins, nous hésitons à en recommander l'emploi dans la culture courante, c'est-à-dire dans la culture qui doit produire du capital au lieu d'en consommer. Attendu que pour obtenir ce maximum d'effet des engrais chimiques à haute dose il faut que *l'année soit favorable*. Les effets sont différents quand l'année est sèche ou pluvieuse, et cependant, dans les deux cas, la mise du capital est la même. Mais le revenu varie notablement. Sans doute, à part la perte d'une partie de l'azote qui n'a pas évolué dans l'engrais intensif, le cultivateur retrouve toujours dans le sol l'acide phosphorique et la potasse qui n'ont pu alimenter la récolte par suite de la *saison défavorable*, et c'est alors une avance dont il trouvera le bénéfice les années suivantes. Mais c'est à la condition qu'il fera l'inventaire de son sol au moment des semailles et de l'emploi des engrais pour les nouvelles récoltes visées, conformément aux principes que j'ai déjà exposés dans mes rapports antérieurs, et dont j'ai cité un nouvel exemple au début de cette rédaction.

Après une mauvaise récolte avec l'engrais intensif, le cultivateur qui discute ses moyens d'action peut rentrer dans ses débours en faisant peu à peu une économie raisonnée dans l'apport de nouveaux engrais, à la condition de laisser dans la terre les éléments nécessaires à une récolte visée.

Je me rappellerai toujours cette exclamation d'un fermier à qui l'on prônait les engrais chimiques : « *Les engrais chimiques ! je les connais ! j'en ai essayé ; ça ne vaut rien ; plus on en met, moins ça pousse.* »

Mon Dieu ! C'est à peu près vrai.

Il faut s'entendre. Il en est de ces engrais comme de certains médicaments actifs qui guérissent à dose modérée, et qui tuent à dose trop forte. Ce n'est pas une question de principe, c'est une question de mesure.

Certes, *l'engrais intensif* a ses partisans comme *l'engrais complet* a les siens.

M. Bailhache, qui a rendu de grands services à nos champs de démonstration, est généralement porté pour *l'intensif*. Il a souvent raison quand l'année est favorable. Mais quand elle ne l'est pas ?

S'il me fallait émettre un avis dans la question, je le traduirais volontiers par cette formule :

Soyons pour *l'intensif* quand il s'agit des phosphates et de la potasse, qui demeurent dans le sol, mais préférons *le complet* pour l'azote qui coûte cher, et dont une partie peut toujours être perdue sans production d'effet utile. Autrement dit, l'emploi des doses maxima de superphosphates, de phosphates et de sels potassiques n'est pas à redouter, alors qu'il y a lieu de ménager, dans une certaine mesure, l'usage des engrais azotés.

II

Résultats de l'emploi sur le blé d'engrais complets à doses différentes et d'engrais incomplets (Analyse du sol par la plante)

CHAMPS D'EXPÉRIENCES

L'expérience entreprise par M. Bailhache, à Saint-Nicolas-de-la-Haye, a eu pour but de rechercher jusqu'à quelle proportion on pouvait augmenter la dose des engrais chimiques, pour obtenir un rendement rémunérateur, et en même temps pour vérifier jusqu'à quel point les résultats fournis par l'emploi d'engrais incomplets, dans lesquels un élément manque, pouvaient renseigner le cultivateur sur le degré de fertilité de sa terre.

A cet effet, un certain nombre de parcelles ont été disposées sur un terrain aussi homogène que possible. L'une d'elles n'a reçu aucun engrais et sa récolte a donné le degré de fertilité initiale de la terre.

Les autres parcelles ont reçu un engrais incomplet, dans lequel il manquait un des éléments que la terre devait fournir, sauf les parcelles 1 et 2 dont l'engrais était complet, mais dont l'emploi a été fait à doses différentes.

Les résultats sont résumés dans le tableau D.

1893-1894. — Champ d'expérience de SAINT-NICOLAS-DE-LA-HAYE. — Professeur : M. Houzeau. — Cultivateur : M. Barbache. **Tableau D**

CULTURE DU BLÉ SCHIREFF SQUARE HEAD SUR TRÈFLE

Chaque parcelle mesure 25 ares. — **Epandage** et ensemencement : 19 octobre.

RÉSULTATS RAPPORTÉS A L'HECTARE : ***Semence employée*** *: 175 kilog. au semoir en lignes*

	1 ENGRAIS COMPLET non intensif		2 ENGRAIS COMPLET intensif		3 ENGRAIS INTENSIF sans acide phosphorique		4 ENGRAIS INTENSIF sans potasse		5 AZOTE SEUL		6 TÉMOIN sans engrais	
RÉCOLTE :												
Grain, à 17 fr. 50 les 100 kil.	**1,024** kil.	179 fr. 20	**1,460** kil.	255 fr. 50	**648** kil.	113 fr. 40	**1,520** kil.	266 fr. »	**1,092** kil.	128 fr. 10	**620** kil.	108 fr. 50
Paille et balles, à 40 fr. les 1.000 kilog.	3,880	155 20	3,472	138 90	2,348	93 90	3,516	140 65	3,668	146 70	1,872	78 90
Valeur totale de la récolte		334 fr. 40		394 fr. 40		207 fr. 30		406 fr. 65		274 fr. 80		187 fr. 40
ENGRAIS EMPLOYÉS :												
Sulfate d'ammoniaque, à 20,5 % d'azote	150 kil.	55 50	200 kil.	74 »	200 kil.	74 »	200 kil.	74 »	200 kil.	74 »		
Nitrate de soude à 15,5 % d'azote	200	50 »	260	65 »	260	65 »	260	65 »	260	65 »		
Superphosphate de chaux, à 16 % d'acide phosphorique soluble	300	24 »	300	24 »			300	24 »				
Chlorure de potassium	100	22 »	100	22 »	100	22 »						
Frais divers, transport, épandage, intérêt, etc.		17 »		19 50		12 70		17 15		10 50		
Dépense totale		168 fr. 50		204 fr. 50		173 fr. 70		180 fr. 15		149 fr. 50		
CONCLUSION :												
Produit net des champs d'expérience (valeur de la récolte diminuée du prix de l'engrais et des frais)		165 90		189 90		33 60		226 50		125 30		
Produit net du champ témoin		187 40		187 40		187 40		187 40		187 40		
Excédent ou perte	Perte	21 fr. 50	Excédent	2 fr. 50	Perte	153 fr. 80	Excédent	39 fr. 10	Perte	62 fr. 10		

Cette expérience démontre très bien la pauvreté de la terre en acide phosphorique, puisque sa suppression ramène le rendement presque à celui du champ témoin sans engrais, tandis qu'elle prouve au contraire sa richesse en potasse.

Quant à l'engrais complet non intensif et l'engrais intensif ils n'ont pas produit les effets que l'on pouvait en attendre. Il est vrai que cette expérience a été faite sur une très mauvaise terre de la ferme de Saint-Nicolas, et c'est à la qualité inférieure du sol qu'il faut surtout attribuer les faibles rendements obtenus dans les différentes parcelles.

Cette partie de l'expérience est à reprendre.

III

Expérience sur le ratissage mécanique du blé

CHAMP D'EXPÉRIENCE

Cet essai a été fait par M. Lefebvre, à Sommery, à l'aide du semoir Liot, à 14 rangs, espacés de 0 m. 14, munis pour cette opération de socs spéciaux pouvant effectuer un mouvement indépendant des roues de l'instrument.

Le terrain ratissé et roulé ensuite a produit par hectare :

Grain................	2.825 kil.
Paille................	5.484

Tandis que le champ témoin, roulé simplement, a fourni par hectare :

Grain...............	2.788 kil.
Paille...............	5.412

Soit une différence en faveur du terrain ratissé de :

Grain...	37 kil. à 17 fr. 50 les 100 kil....	6 fr. 50
Paille...	72 kil. à 40 fr. les 1.000 kil....	2 90
	Total..............	9 fr. 40
	Le ratissage coûtant par hectare.......	4 00
	Reste un bénéfice donné par l'opération de.	5 fr. 40

Il est bon de rappeler que l'expérience a été effectuée dans la partie la meilleure d'une pièce de terre ensemencée en blé, et d'une contenance totale de 25 hectares. Toute la surface, à l'exception du champ témoin, a été soumise au même traitement. Cette terre était dans un état de propreté et de fertilité assez rare dans la région, état dû précisément en partie à la pratique renouvelée chaque année du ratissage des céréales.

Vraisemblablement, sur une terre moins fertile et moins propre que celle dont il s'agit, les différences seraient plus marquées, car il est toujours plus facile d'élever un rendement faible de 17 quintaux, par exemple, à 22, que d'élever un rendement déjà fort de 28 quintaux à 30.

Les résultats favorables qu'obtient M. Lefebvre, depuis plusieurs années qu'il répète l'expérience du ratissage mécanique des céréales, permet de recommander aux agriculteurs l'emploi de cette opération : en l'exécutant soit à l'aide d'un instrument spécial comme le fait aux Authieux, depuis fort longtemps, un agriculteur distingué de la région, M. Ernest Brayé; soit simplement avec un semoir ordinaire muni de socs spéciaux, comme celui qui sert dans la ferme de Sommery, appartenant à notre zélé collaborateur M. Lefebvre.

IV

Résultats de la culture du lin

CHAMPS D'EXPÉRIENCES

Les expériences faites dans le canton de Goderville, sous la compétente direction de M. Robert et avec le concours éclairé de MM. Odièvre fils, Dubosc, Loisel, Décultot et Mme Dumont, d'une part, et des instituteurs MM. Palfray, Duhamel, Rioult et Boudart, d'autre part, ont été entreprises, en vue de démontrer aux cultivateurs de la région l'influence des engrais chimiques, ainsi que celle de la variété de semence sur la culture du lin, en même temps que pour les initier aux meilleures formules d'engrais à employer pour obtenir de grands rendements.

Les résultats de ces expériences sont consignés dans les tableaux ci-après :

1894. — GODERVILLE. — Cultivateur : M. ODIÈVRE fils. — Directeur : M. PALFRAY, instituteur.

Influence des Engrais chimiques et de la variété de Semence

CULTURE DU LIN SUR BLÉ

Épandage de l'Engrais : { 1re fumure : 21 mars. 2me fumure : { la moitié le 29 mars. l'autre moitié le 12 avril. } Ensemencement : 28 mars.

Résultats rapportés à l'hectare

	1re PARCELLE (25 ares) GRAINE DE PSKOW		2me PARCELLE (25 ares) GRAINE DE RIGA	
Poids de la récolte (lin en tiges)	6.720 kil.		7.068 kil.	
Prix du kilog. de lin en tiges, à raison de 110 kilog. pour 100 kilog.	0 fr. 13		0 fr. 15	
Prix réel du kilog. de lin en tiges	0 136		0 136	
Valeur totale de la récolte	916 33		963 80	
ENGRAIS EMPLOYÉS :				
1re fumure — Nitrate de potasse, à 14 % d'azote et 46 % de potasse	100 kil.	48 fr. »	100 kil.	48 fr. »
1re fumure — Phosphate précipité, à 38 % d'acide phosphorique, total	160	37 »	160	37 »
1re fumure — Sulfate de potasse, à 48 % de potasse	100	26 »	100	26 »
1re fumure — Sulfate de magnésie, à 30 % de magnésie	100	12 »	100	12 »
1re fumure — Plâtre	140	2 80	140	2 80
2me fumure — Sulfate d'ammoniaque, à 20,5 % d'azote	80	35 »	80	35 »
2me fumure — Superphosphate de chaux, à 15,5 % d'acide phosphorique soluble	200	17 »	200	17 »
Frais divers (mise en sacs, transport, etc.)		2 40		2 40
Total de la dépense en engrais chimiques		180 fr. 20		180 fr. 20
Semence employée	180	100 »	180	70 »
Total de la dépense en engrais chimiques et en semence		280 fr. 20		250 fr. 20
FRAIS DIVERS :				
Frais de labours, ensemencement, hersage, roulage, épandage des engrais		70 »		70 »
Sarclages		40 »		40 »
Arrachage, mise en chaînes et en meules, transport		85 »		85 »
Loyer		100 »		100 »
Impôts		20 »		20 »
Total des dépenses		595 fr. 20		565 fr. 20
RÉSUMÉ :				
Valeur totale de la récolte		916 fr. 35		963 fr. 80
Total des dépenses		595 20		565 20
Bénéfice net		321 fr. 15		398 fr. 60
Excédent en faveur de la graine de Riga				77 fr. 45

Tableau F

1894. — ÉPREVILLE. — Cultivateur : M. Edmond Duboc. — Directeur M. Duhamel, instituteur.

Influence des Engrais chimiques et de la variété de Semence

CULTURE DU LIN SUR BLÉ

Epandage de l'engrais : 1re fumure : 1er mars. 2e fumure : la moitié le 22 mars, l'autre moitié le 12 avril. — Ensemencement : 22 mars.

Résultats rapportés à l'hectare :

	1re PARCELLE (25 ares) GRAINE DE PSKOW		2me PARCELLE (25 ares) GRAINE DE RIGA	
Poids de la récolte (lin en tiges)	6.252 kil.		6.920 kil.	
Prix du kil. de lin en tiges à raison de 110 kil. pour 100 kil.	0 fr. 14		0 fr. 14	
Prix réel du kil. de lin en tiges	0 127		0 127	
Valeur totale de la récolte	795 70		880 70	
ENGRAIS EMPLOYÉS :				
1re fumure — Nitrate de soude, à 15.2 % d'azote	140 kil.	34 fr. »	140 kil.	34 fr. »
1re fumure — Superphosphate de chaux, à 15,5 % d'acide phosphor. solub.	400	34 »	400	34 »
1re fumure — Sulfate de magnésie, à 30 % de magnésie	100	12 »	100	12 »
1re fumure — Sulfate de potasse, à 48.3 % de potasse	200	52 »	200	52 »
1re fumure — Plâtre	200	4 »	200	4 »
2e fumure — Sulfate d'ammoniaque à 20,5 % d'azote	50	18 50	50	18 50
2e fumure — Superphosphate de chaux, à 15,5 % d'acide phosphorique soluble	200	17 »	200	17 »
Frais divers (mise en sacs, transport, etc.)		4 »		4 »
Total de la dépense en engrais chimiques		175 fr. 50		175 fr. 50
Semence employée	180	100 »	180	70 »
Total de la dépense en engrais chimiques et en semence		275 fr. 50		245 fr. 50
FRAIS DIVERS :				
Frais de labours, ensemencement, hersages, roulages, épandage des engrais		70 »		70 »
Sarclage		40 »		40 »
Arrachage, mise en chaînes et en meules, transport		85 »		85 »
Loyer		100 »		100 »
Impôts		20 »		20 »
Total des dépenses		590 fr. 50		560 fr. 50
RÉSUMÉ :				
Valeur totale de la récolte		795 fr. 70		880 fr. 70
Total des dépenses		590 50		560 50
Bénéfice net		205 fr. 20		320 fr. 20
Excédent en faveur de la graine de Riga				115 fr. »

Tableau G

1894.— SAINT-SAUVEUR-D'ÉMALLEVILLE. — Cultivateur, M. LOISEL. — Directeur, M. RIOULT, instituteur

Influence des Engrais chimiques et de la variété de Semence

CULTURE DU LIN SUR BLÉ

Epandage de l'Engrais { 1re fumure : 12 mars ; 2me fumure : { la moitié le 27 mars. l'autre moitié le 12 avril. } Ensemencement : 27 mars.

Résultats rapportés à l'hectare :

	1re PARCELLE (35 ares) GRAINE DE PSKOW		2me PARCELLE (25 ares) GRAINE DE RIGA	
Poids de la récolte (lin en tiges)	7.508 kil.		8.512 kil.	
Prix du kilog. de lin en tiges, à raison de 16 kilog. pour 100 kilog.	0 fr. 16		0 fr. 16	
Prix réel du kilog. de lin en tiges	0 145		0 145	
Valeur totale de la récolte	1.092 05		1.238 10	
ENGRAIS EMPLOYÉS :				
1re fumure { Nitrate de soude, à 15,2 % d'azote	140 kil.	34 fr. »	140 kil.	34 fr. »
Superphosphate de chaux, à 15,5 % d'acide phosphoriq. sol.	400	34 »	400	34 »
Sulfate de magnésie, à 30 % de magnésie	100	12 »	100	12 »
Sulfate de potasse, à 48,3 % de potasse	200	52 »	200	52 »
Plâtre	200	4 »	200	4 »
2me fumure { Sulfate d'ammoniaque, à 20,5 % d'azote	50	18 50	50	18 50
Superphosphate de chaux, à 15.5 % d'acide phosphorique soluble	200	17 »	200	17 »
Frais divers (mise en sacs, transport, etc.)		4 »		4 »
Total de la dépense en engrais chimiques		175 fr. 50		175 fr. 50
Semence employée	180	100 »	180	70 »
Total de la dépense en engrais chimiques et en semence		275 fr. 50		245 fr. 50
FRAIS DIVERS :				
Frais de labours, ensemencement, hersage, roulage, épandage des engrais		70 »		70 »
Sarclage		40 »		40 »
Arrachage, mise en chaînes et en meules, transport		83 »		83 »
Loyer		100 »		100 »
Impôts		20 »		20 »
Total des dépenses		590 fr. 50		560 fr. 50
RÉSUMÉ :				
Valeur totale de la récolte		1.092 fr. 05		1.238 fr. 10
Total des dépenses		590 50		560 50
Bénéfice net		501 fr. 55		677 fr. 60
Excédent en faveur de la graine de Riga				176 fr. 05

Tableau H

1894. — ECRAINVILLE. — Cultivateur : M. Décultot. — Directeur : M. Boudard, instituteur.

Influence des Engrais chimiques et de la variété de Semence

CULTURE DU LIN SUR BLÉ

Epandage de l'engrais : 1re fumure : 10 mars. 2e fumure : la moitié le 26 mars, l'autre moitié le 12 avril. Ensemencement : 24 mars.

Résultats rapportés à l'hectare :

	1re PARCELLE (25 ares) GRAINE DE PSKOW		2me PARCELLE (25 ares) GRAINE DE RIGA	
Poids de la récolte (lin en tiges)	6.432 kil.		6.840 kil.	
Prix du kil. de lin en tiges, à raison de 110 kil. pour 100 kil.	0 fr. 15		0 fr. 15	
Prix réel du kil. de lin en tiges	0 136		0 136	
Valeur totale de la récolte	877 10		932 70	
ENGRAIS EMPLOYÉS :				
1re fumure : Nitrate de soude, à 15,2 °/o d'azote	140 kil.	34 fr. »	140 kil.	34 fr. »
1re fumure : Superphosphate de chaux, à 15,5 °/o d'acide phosphor. solub.	400	34 »	400	34 »
1re fumure : Sulfate de magnésie, à 30 °/o de magnésie	100	12 »	100	12 »
1re fumure : Sulfate de potasse, à 48,3 °/o de potasse	200	52 »	200	52 »
1re fumure : Plâtre	200	4 »	200	4 »
2e fumure : Sulfate d'ammoniaque, à 20.5 °/o d'azote	50	18 50	50	18 50
2e fumure : Superphosphate de chaux, à 15.5 °/o d'acide phosphorique soluble	200	17 »	200	17 »
Frais divers (mise en sacs, transport, etc.)		4 »		4 »
Total de la dépense en engrais chimiques		175 fr. 50		175 fr. 50
Semence employée	180	100 »	180	70 »
Total de la dépense en engrais chimiques et en semence		275 fr. 50		245 fr. 50
FRAIS DIVERS :				
Frais de labours, ensemencements, hersages, roulages, épandage des engrais		70 »		70 »
Sarclages		40 »		40 »
Arrachage, mise en chaînes et en meules, transport		85 »		85 »
Loyer		100 »		100 »
Impôts		20 »		20 »
Total des dépenses		590 fr. 50		560 fr. 50
RÉSUMÉ :				
Valeur totale de la récolte		877 fr. 10		932 fr. 70
Total des dépenses		590 50		560 50
Bénéfice net		286 fr. 60		372 fr. 20
Excédent en faveur de la graine de Riga				85 fr. 60

1894. — ECRAINVILLE. — Cultivateur : Mme Ve Dumont. — Directeur : M. Bouard, instituteur.

Influence des Engrais chimiques et de la variété de Semence

CULTURE DU LIN SUR BLÉ

Épandage de l'engrais : { 1re fumure : 10 mars. / 2e fumure : { la moitié le 26 mars. / l'autre moitié le 12 avril. } } Ensemencement : 24 mars.

Résultats rapportés à l'hectare :

	1re PARCELLE (25 ares) GRAINE DE PSKOW		2e PARCELLE (25 ares) GRAINE DE RIGA	
Poids de la récolte (lin en tiges)	6.360 kil.		6.440 kil.	
Prix du kil. de lin en tiges, à raison de 110 kil. pour 100 kil.	0 fr. 17		0 fr. 15	
Prix réel du kil. de lin en tiges	0 136		0 136	
Valeur totale de la récolte	859 10		878 20	
ENGRAIS EMPLOYÉS :				
1re fumure — Nitrate de potasse, à 13 % et 46 % de potasse	100 kil.	48 fr. »	100 kil.	48 fr. »
1re fumure — Phosphate précipité, à 38 % d'acide phosphorique total	160	37 »	160	37 »
1re fumure — Sulfate de potasse, à 48.3 % de potasse	100	26 »	100	26 »
1re fumure — Sulfate de magnésie, à 30 % de magnésie	100	12 »	100	12 »
1re fumure — Plâtre	140	2 80	140	2 80
2e fumure — Sulfate d'ammoniaque, à 20,5 % d'azote	80	35 »	80	35 »
2e fumure — Superphosphate de chaux, à 15.5 % d'acide phosphorique soluble	200	17 »	200	17 »
Frais divers (mise en sacs, transport, etc.)		2 40		2 40
Total de la dépense en engrais chimiques		180 fr. 20		180 fr. 20
Semence employée	150	100 »	180	70 »
Total de la dépense en engrais chimiques et en semence		280 fr. 20		250 fr. 20
FRAIS DIVERS :				
Frais de labours, ensemencement, hersages, roulages, épandage des engrais		70 »		70 »
Sarclages		40 »		40 »
Arrachage, mise en chaînes et en meules (transport)		85 »		85 »
Loyer		100 »		100 »
Impôts		20 »		20 »
Total des dépenses		595 fr. 20		565 fr. 20
RÉSUMÉ :				
Valeur totale de la récolte		859 fr. 10		878 fr. 20
Total des dépenses		595 20		565 20
Bénéfice net		263 fr. 90		313 fr. »
Excédent en faveur de la graine de Riga				49 fr. 10

TROISIÈME PARTIE

Expériences sur l'alimentation du bétail

RAPPORT DE M. PHILIPPE

Professeur de Zootechnie à l'Ecole départementale d'Agriculture

Ainsi que j'avais été autorisé à le faire en 1892-1893, j'ai institué en 1893-1894 chez M. E. Prunier, cultivateur à Duclair, mon collaborateur pour les champs de démonstration, de nouvelles expériences d'alimentation.

Elles ont porté sur deux catégories d'animaux :

1re Catégorie. — Six bovidés de dix-huit mois à deux ans, répartis en deux bandes de trois animaux. Une bande témoin, alimentée, ainsi qu'on le fait généralement l'hiver dans toutes les fermes, avec une ration composée de paille, menues pailles, betteraves et pâturages.

L'autre bande, alimentée de la même façon et en plus 6 kil. d'un aliment concentré; des tourteaux d'arachides depuis le 15 décembre jusqu'au 15 février, et 9 kil. de tourteau depuis le 15 février jusqu'au 15 avril.

2e Catégorie. — Six jeunes bovidés âgés de six mois, répartis également en deux bandes de trois animaux. Une bande témoin, alimentée comme celle de la première catégorie. L'autre bande, qui a reçu en plus 6 kil. de maltine (1) depuis le 15 décembre jusqu'au 15 février, et 9 kil. depuis cette dernière époque jusqu'au 15 avril.

Les animaux témoins et ceux en expériences ont été très régulièrement pesés tous les quinze jours le matin à jeun.

Résultats obtenus :

1re Catégorie. — Bande en expériences. Pesée initiale :

Au 15 décembre 1893..	1.183	kilogr.
Au 15 avril 1894......	1.428	—
Excédent de poids......	239	—

Bande témoin. Pesée initiale :

Au 15 décembre 1893..	928	kilogr.
Au 15 avril 1894......	985	—
Excédent de poids......	57	—

La différence en faveur de la bande bien nourrie l'hiver est de 182 kil. obtenus par une dépense de

(1) La maltine est un produit résiduel d'une industrie locale (distillerie), à l'état sec, ce produit est très appété par les animaux, riche en principes nutritifs et d'une parfaite digestibilité. — La maltine dose 30.37 de matières albuminoïdes et 9.24 de matières grasses. D'après sa teneur en éléments nutritifs, elle a trois fois plus de valeur alimentaire que le son. Son prix moyen est de 15 fr. les 100 kilog.

161 fr. 46, ce qui ressort le kilogramme de poids vif obtenu à 0 fr. 88 centimes.

2e Catégorie. — Bande en expérience. Poids initial :

Au 15 décembre 1893..	612 kilogr.
Au 15 avril 1894......	779 —
Excédent de poids......	187 —

Bande témoin. Poids initial :

Au 15 décembre 1893..	550 kilogr.
Au 15 avril 1894......	585 —
La bande a gagné......	35 —

La différence en faveur de la bande bien nourrie l'hiver est de 152 kil., obtenus par une dépense de 134 fr. 55, ce qui ressort le kilogramme de poids vif obtenu à 0 fr. 88 centimes.

Ces résultats identiques dans ces deux expériences sont très intéressants, ils prouvent qu'une dépense d'aliments pour le bétail l'hiver, alors que le cultivateur ne peut constituer, avec les ressources fourragères dont il dispose, une ration suffisamment nutritive, est couverte par une notable augmentation de poids et par la production de déjections incontestablement plus riches en principes fertilisants.

Cette dernière donnée économique dans l'exploitation du bétail est à considérer et déterminera certainement un grand nombre de cultivateurs à rompre avec les errements de la routine et à modifier la pratique ordinaire, tendant à ne bien nourrir que les animaux qui donnent un produit immédiatement réalisable : viande ou lait.

Par ces considérations, j'estime qu'il est utile de poursuivre ces expériences d'alimentation.

En terminant, je me fais un devoir de vous signaler, Monsieur le Préfet, la coopération active de MM. Geulin, Prunier, Bailhache, Lefebvre, Delaunay, Robert, Odièvre fils, Palfray, Dubosc, Duhamel, Loisel, Rioult, Décultot, Boudart et Mme Dumont à l'œuvre des champs de démonstration. Leur concours nous a été des plus utiles.

Au nom des professeurs de l'école départementale, je leur exprime mes remercîments.

Veuillez agréer, Monsieur le Préfet, l'assurance de mon respect.

Le Directeur de la station agronomique,
membre correspondant de l'Institut,

A. HOUZEAU.

Rouen, le 20 janvier 1895.

Post-Scriptum. — Je joins à titre d'annexes, pour être consultés à l'occasion, et afin que chaque auteur conserve la responsabilité de son œuvre, les tableaux complets qui contiennent les détails des champs de démonstration de chaque arrondissement, et tels qu'ils ont été remplis par MM. les Professeurs départementaux.

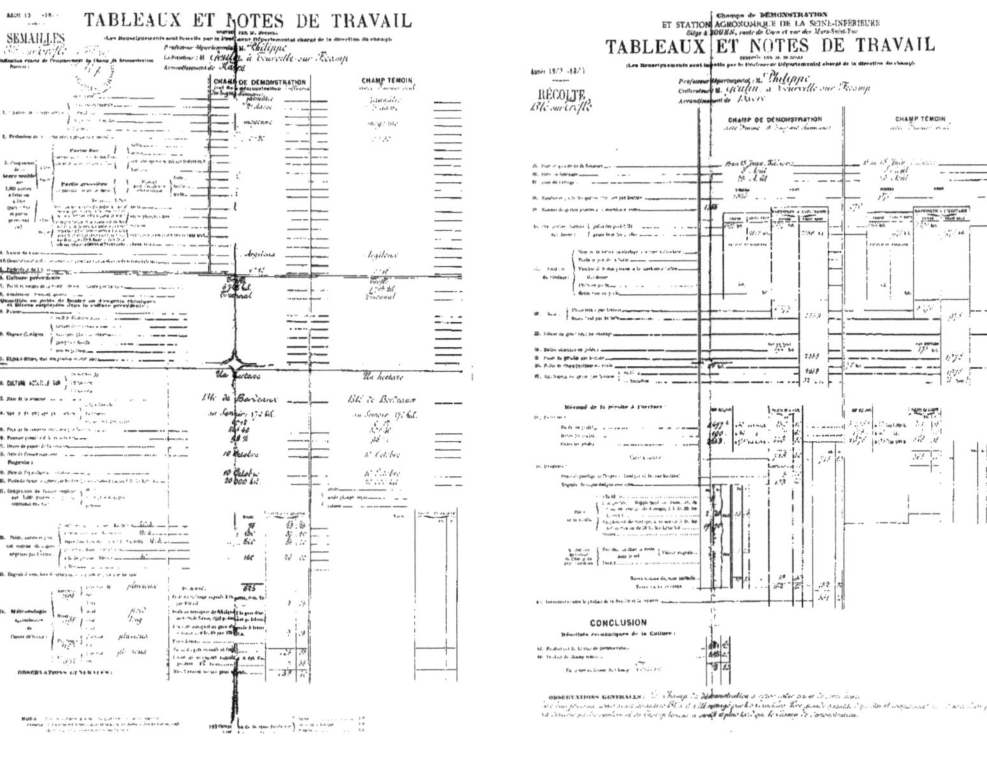

SEMAILLES

TABLEAUX ET NOTES DE TRAVAIL

(Les Renseignements sont fournis par le Professeur Départemental chargé de la direction du champ)

Professeur départemental : M. Philippe

Cultivateur : M. Goulin, à Tourville-sur-Fécamp

Arrondissement de Havre

	CHAMP DE DÉMONSTRATION	CHAMP TÉMOIN
	Argileux	Argileux
	Un hectare	Un hectare
	Blé de Bordeaux	Blé de Bordeaux
	10 Octobre	10 Octobre

OBSERVATIONS GÉNÉRALES :

Champs de DÉMONSTRATION
ET STATION AGRONOMIQUE DE LA SEINE-INFÉRIEURE
Siège à ROUEN, route de Caen et rue des Mars-Saint-Yon

TABLEAUX ET NOTES DE TRAVAIL

(Les Renseignements sont fournis par le Professeur Départemental chargé de la direction du champ)

RÉCOLTE

Blé sur trèfle

Professeur départemental : M. Philippe

Cultivateur : M. Goulin, à Tourville-sur-Fécamp

Arrondissement de Havre

	CHAMP DE DÉMONSTRATION	CHAMP TÉMOIN

Résumé de la récolte à l'hectare :

CONCLUSION

Résultats économiques de la Culture :

OBSERVATIONS GÉNÉRALES :

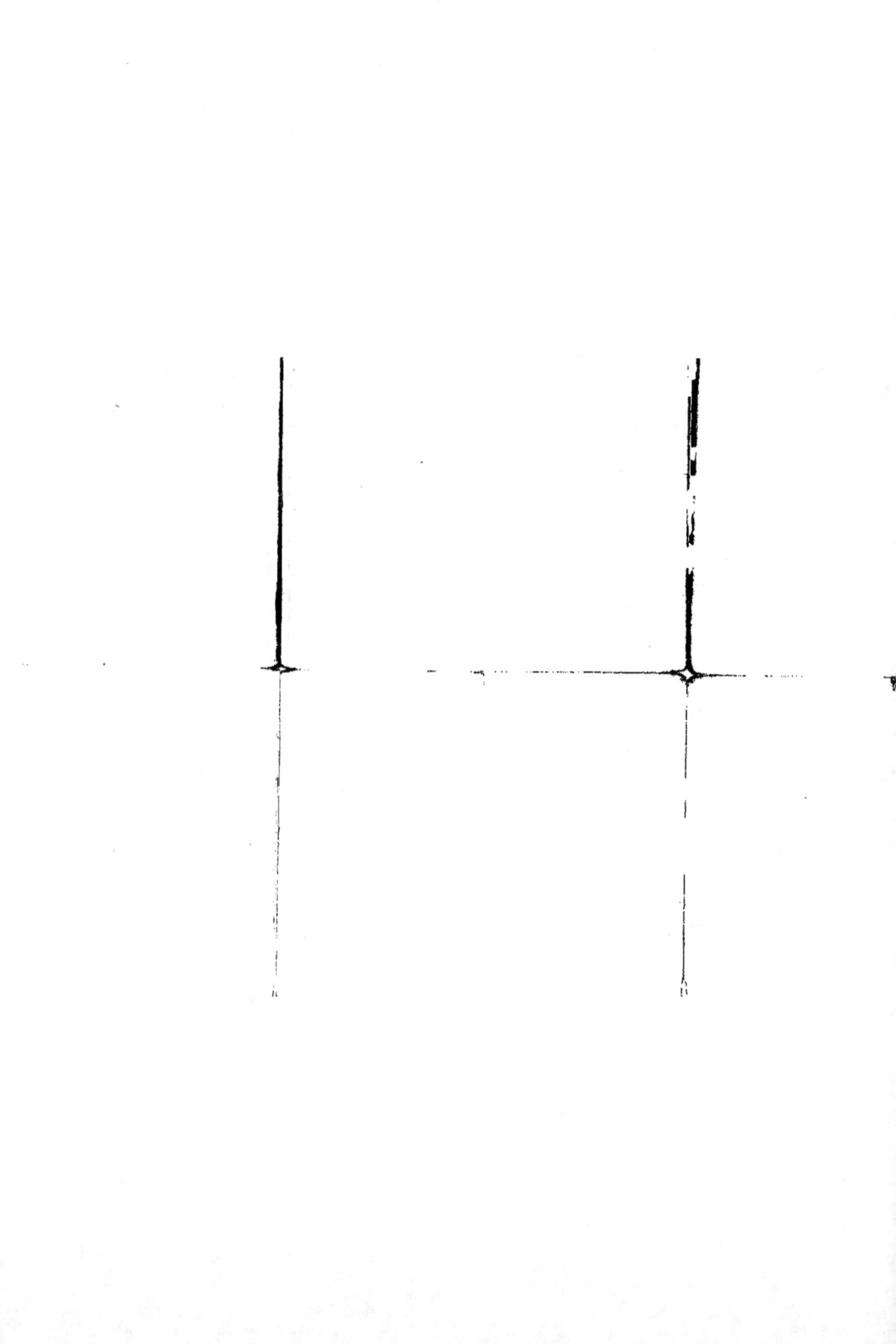

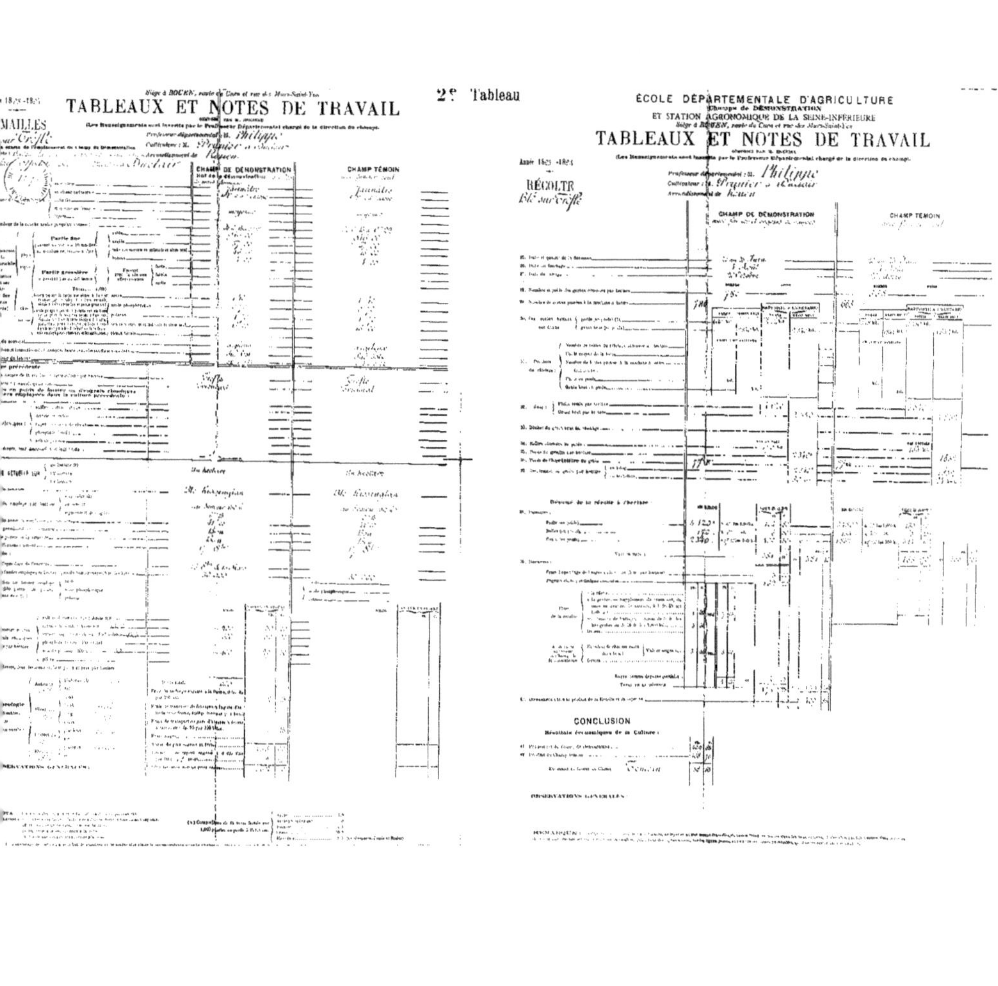

Siège à ROUEN, route de Caen et rue des Murs-Saint-Yon

TABLEAUX ET NOTES DE TRAVAIL

(Les Renseignements sont inscrits par le Professeur Départemental chargé de la direction du champ.)

MAILLES sur trèfle

Professeur départemental : M. Philippe

Cultivateur : M. Prunier à ...

Arrondissement de Rouen

CHAMP DE DÉMONSTRATION

CHAMP TÉMOIN

2e Tableau

ÉCOLE DÉPARTEMENTALE D'AGRICULTURE

Champs de DÉMONSTRATION

ET STATION AGRONOMIQUE DE LA SEINE-INFÉRIEURE

Siège à ROUEN, route de Caen et rue des Murs-Saint-Yon

TABLEAUX ET NOTES DE TRAVAIL

(Les Renseignements sont inscrits par le Professeur Départemental chargé de la direction du champ.)

Année 1823-1824

RÉCOLTE

Blé sur trèfle

Professeur départemental : M. Philippe

Cultivateur : M. Prunier à ...

Arrondissement de Rouen

CHAMP DE DÉMONSTRATION

CHAMP TÉMOIN

CONCLUSION

Résultats économiques de la Culture :

OBSERVATIONS GÉNÉRALES :

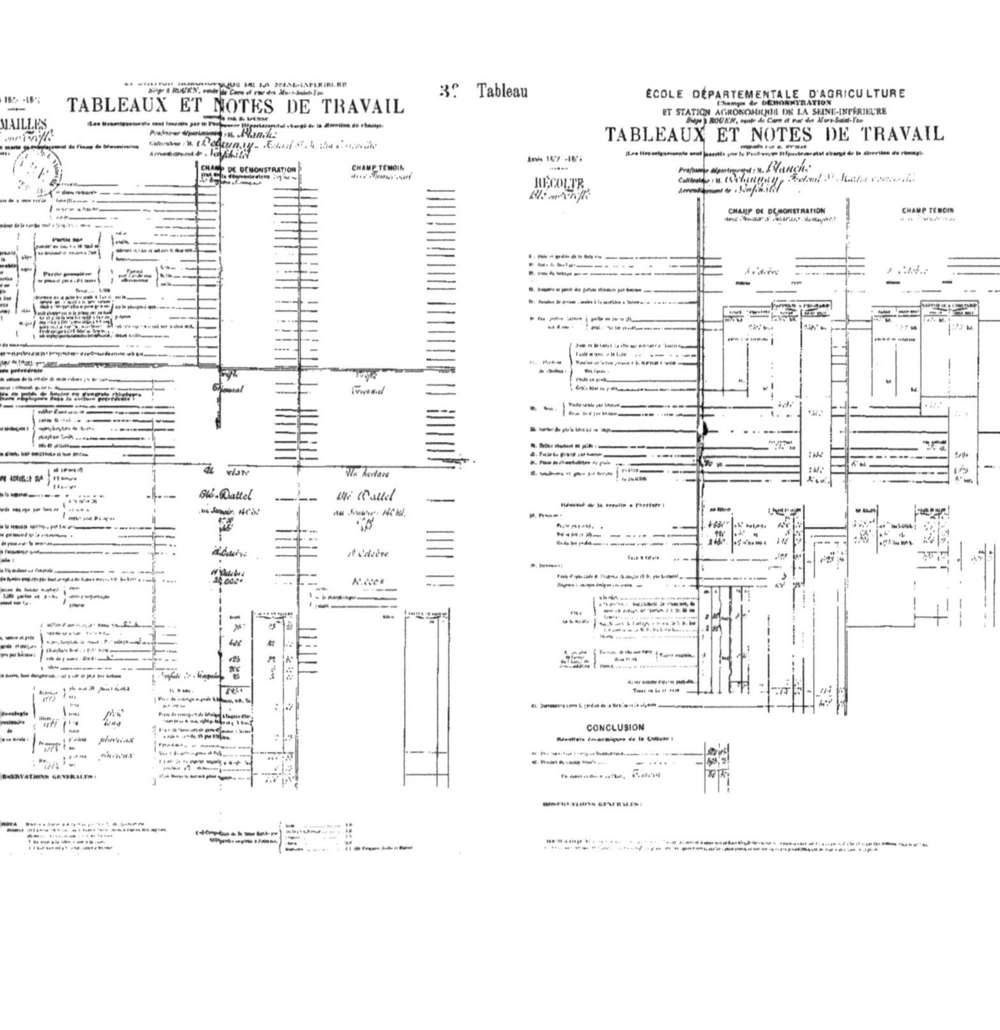

3e Tableau

ET STATION AGRONOMIQUE DE LA SEINE-INFÉRIEURE
Siège à ROUEN, route de Caen et rue des Murs-Saint-Yon

TABLEAUX ET NOTES DE TRAVAIL

(Les Renseignements sont inscrits par le Professeur Départemental chargé de la direction du champ).

SEMAILLES
Blé sur Trèfle

Professeur départemental : M. Blanche
Cultivateur : M. Delaunay, Fermier à St Martin Osmonville
Arrondissement de Neufchâtel

CHAMP DE DÉMONSTRATION

CHAMP TÉMOIN

Trèfle
Trèfle

Un hectare
Un hectare

Blé Dattel
Blé Dattel

ÉCOLE DÉPARTEMENTALE D'AGRICULTURE
Champs de DÉMONSTRATION
ET STATION AGRONOMIQUE DE LA SEINE-INFÉRIEURE
Siège à ROUEN, route de Caen et rue des Murs-Saint-Yon

TABLEAUX ET NOTES DE TRAVAIL

(Les Renseignements sont inscrits par le Professeur Départemental chargé de la direction du champ).

RÉCOLTE
Blé sur Trèfle

Professeur départemental : M. Blanche
Cultivateur : M. Delaunay, Fermier à St Martin Osmonville
Arrondissement de Neufchâtel

CHAMP DE DÉMONSTRATION

CHAMP TÉMOIN

CONCLUSION

Résultats économiques de la Culture :

OBSERVATIONS GÉNÉRALES :

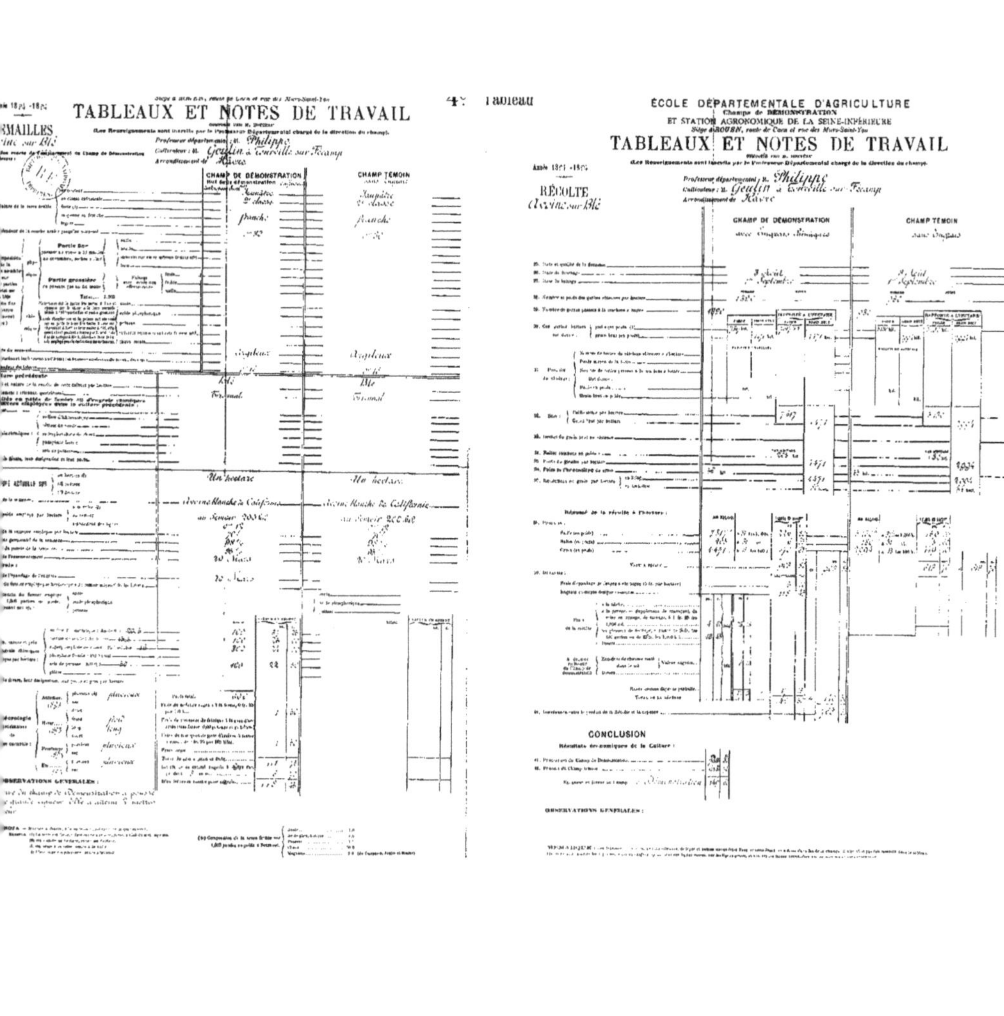

Siège à ROUEN, route de Caen et rue des Murs-Saint-Yon

TABLEAUX ET NOTES DE TRAVAIL

(Les Renseignements sont inscrits par le Professeur Départemental chargé de la direction du champ).

SEMAILLES

Avoine sur Blé

Professeur départemental : M. Philippe

Cultivateur : M. Geulin à Tourville sur Fécamp

Arrondissement de Havre

CHAMP DE DÉMONSTRATION

CHAMP TÉMOIN

4e Tableau

ÉCOLE DÉPARTEMENTALE D'AGRICULTURE
Champs de DÉMONSTRATION
ET STATION AGRONOMIQUE DE LA SEINE-INFÉRIEURE
Siège à ROUEN, route de Caen et rue des Murs-Saint-Yon

TABLEAUX ET NOTES DE TRAVAIL

(Les Renseignements sont inscrits par le Professeur Départemental chargé de la direction du champ).

RÉCOLTE

Avoine sur Blé

Professeur départemental : M. Philippe

Cultivateur : M. Geulin à Tourville sur Fécamp

Arrondissement de Havre

CHAMP DE DÉMONSTRATION

avec Engrais chimiques

CHAMP TÉMOIN

sans Engrais

CONCLUSION

OBSERVATIONS GÉNÉRALES :

www.ingramcontent.com/pod-product-compliance
Lightning Source LLC
LaVergne TN
LVHW012015160826
845678LV00002B/844

* 9 7 8 2 3 2 9 6 7 0 1 3 3 *